DU TRAITEMENT

DES INSENSÉS

DANS

L'HÔPITAL DE BETHLÉEM

DE LONDRES,

TRADUIT DE L'ANGLOIS.

IL eſt difficile de préſenter au Public un ſujet plus digne de fixer ſon attention. La comparaiſon du Traitement des Inſenſés de Londres, avec ceux de Paris, lui fera ſentir ce que ces malheureux ont droit d'attendre de ſon humanité. C'eſt M. l'Abbé Soulavie qui m'a communiqué le morceau que je traduis ici : attiré en Angleterre pour des Obſervations d'Hiſtoire Naturelle, il a encore porté ſes regards ſur des objets plus intéreſſans, que probablement il publiera.

DU TRAITEMENT

DES INSENSÉS

DANS

L'HÔPITAL DE BETHLÉEM

DE LONDRES,

TRADUIT DE L'ANGLOIS;

SUIVI

*D'OBSERVATIONS fur les Infenfés de
Bicêtre & de la Salpêtriere.*

PAR M. l'Abbé ROBIN, Chapelain
du ROI.

❁

A AMSTERDAM,

Et fe trouve A PARIS,

Chez LESCLAPART, Libraire de MONSIEUR,
Frere du ROI, rue du Roule, N°. 11.

Et chez tous les Libraires.

1787.

HISTOIRE

De l'origine, des progrès & de l'état actuel de l'Hôpital de Bethléem, fondé par Henri VIII, en faveur des Infenfés, & agrandi par les foins de plufieurs Bienfaiteurs.

Par THOMAS BOWEN.

C ES anciennes fondations, établies dans la Cité de Londres par la munificence de nos Monarques en faveur des pauvres malades, ont toujours été confidérées comme un objet digne des fecours publics.

Le foin des pauvres Infenfés eft d'autant plus important, qu'en les négligeant, il peut en réfulter les plus grands

A

malheurs ; ainſi, la Société ne peut trop
s'intéreſſer à l'entretien des établiſſe-
mens qui leur ſont deſtinés. L'Hiſtoire
de l'Hôpital de Bethléem ſera donc à ce
titre accueillie favorablement.

Cet Hôpital doit ſon nom & ſon
origine à la piété d'un Citoyen de
Londres. En 1247, vers la trente-neu-
viéme année du regne de Henri III,
un Particulier nommé Simon, qui
avoit été *Shérif*, entraîné par les préjugés de ſon fiecle, defira être le fon-
dateur d'une Maiſon religieuſe ; en con-
ſéquence, il donna, par un acte qui
exifte encore, toutes ſes terres fituées
dans la paroiſſe de *Saint-Botolph.* Le
Prieur, les Chanoines, les Freres &
Sœurs à l'entretien deſquels il avoit
pourvu, furent diftingués par une étoile
ſur leur manteau, & furent ſpéciale-
ment inftitués pour recevoir & entre-
tenir l'Evêque de Sainte-Marie de Bethléem, ainſi que les Chanoines & les

Freres de cette Mere-Eglife , lors de leur arrivée en Angleterre.

Tel a été le but primitif de cette fondation , bien éloigné de celui qui lui a été fubftitué à l'époque où la révolution du 'Proteftantifme a changé les idées.

L'établiffement de cette Maifon ne remonte donc à guères plus de deux cents ans. Lorfque les anciens Partifans des fuperftitions Romaines (1) furent chaffés de leurs anciennes retraites , Henri VIII s'en empara vers 1547. Il accorda l'Hôpital de Bethléem , avec tous fes revenus , au Maire & aux Citoyens de Londres ; depuis ce tems , l'Hôpital fut deftiné pour la guérifon des Foux.

Il eft probable que la Cité de Londres trouva alors de grandes difficultés dans le choix d'un lieu propre à rece-

_____

(1) Nous prions nos Lecteurs de faire attention que c'eft un Proteftant qui parle , dont nous fommes très-éloigné d'adopter ici les idées,

voir ceux qui font affligés de la plus déplorable des maladies. La fituation retirée de l'Hôpital de Bethléem & fa proximité de la ville, parurent le rendre favorable à cet objet. Auffi nous trouvons, par des renfeignemens authentiques, que dans l'année 1523, *Etienne Gennings*, Marchand Tailleur, donna quarante pounds (1) pour l'ufage d'un Hôpital, & que le Maire & la Communauté avoient fait quelques emprunts pour le même fujet, peu de tems avant d'obtenir leur privilége de la munificence royale. On ignore le revenu qui y fut alors attaché : il eft certain qu'il fut infuffifant pour les maux auxquels on vouloit remédier ; car cinq ans après, des Lettres Patentes furent obtenues par *Jean Vitehead*, Procureur de l'Hôpital de Bethléem, afin de folliciter des dons dans les con-

(1) Le pound vaut environ vingt-trois livres.

trées de Lincoln , de Cambridge , dans la Cité de Londres , & en d'autres lieux.

Cet établiffement n'offroit dans fon enfance d'autres reffources aux malheureux que le logement & les remedes. Leurs proches, s'ils en avoient la faculté , ou leur paroiffe , étoient obligés de contribuer à les fecourir. Une fucceffion de tems heureux y fit ajouter de nouvelles conftructions & fuppléer à l'exiftence des malades. Plufieurs améliorations furent le fruit du zele particulier & public.

On ne parlera pas des donations antérieures à l'année 1632 : elles ne furent pas confidérables pendant quelque tems ; mais l'utilité évidente de cet établiffement , & les inconvéniens peut-être qu'éprouvoit le Public , excita bientôt à pourvoir à la fûreté de ces infortunés qui, fans le fecours du Ciel, pouvoient être fi dangereux à la Société.   A 3

Ainsi, le zele des Citoyens se manifesta non-seulement par d'abondantes charités, mais encore par l'attention & la capacité que d'autres mirent à cet objet ; & les cœurs qui aiment à se livrer aux délicieuses sensations de bienveillance, ne peuvent les sentir plus vivement qu'en voyant par combien de bienfaiteurs inconnus l'Hôpital de Bethléem fut secouru. Des charités privées, n'encouragent peut-être point autant que des bienfaits publics ; mais elles sont d'un plus grand poids en faveur de l'institution qu'elles favorisent. Ceux qui cachent leurs bonnes actions, ne peuvent avoir que des motifs purs ; c'est le mérite de l'objet qu'ils ont seulement en vue ; ceux-là pesent mûrement avant de donner leurs aumônes, & ils se méprennent rarement dans leur application.

Environ l'an 1644, on prit en considération d'élargir l'Hôpital ; mais l'emplacement étoit trop refferré pour y établir un Hofpice commode à ceux de l'un & de l'autre fexe qui avoient befoin d'y trouver un afyle ; & probablement les troubles de ce tems empêchèrent d'effectuer ce projet.

Lorfque la paix & la tranquillité intérieure eurent été rétablie , & que l'Angleterre fe fût remife des violentes convulfions qui l'avoient tourmentée , on porta de nouveau fes regards fur ce qui intéreffoit l'ordre civil, & on penfa férieufement à bâtir un nouvel Hôpital.

Cette grande entreprife fut commencée en Avril 1675. Le Lord Maire, les Aldermans & le Confeil de la Cité de Londres accorderent aux Gouverneurs de l'Hôpital une grande portion de terrein près des murs de Londres. La promptitude avec laquelle cet édifice fut achevé , excite notre admiration : une infcription, placée au deffus de la principale entrée , femble annon-

cer qu'il fut fini en Juillet de l'année
fuivante,tant fut actif le zele qui fit élever ce monument important. La générofité des contribuans fut égale à leur
attention,car elle s'éleva à 17000 l. (1),
& on peut affurer que jamais dépenfes
& peines ne furent mieux employées.
L'Hôpital de Bethléem eft un monument illuftre de la charité britannique ;
& foit que nous confidérions la magni-
ficence décente de cet édifice, la diftri-
bution commode de l'intérieur , ou le
foulagement qu'il procure aux infortunés à qui il fert , nous pouvons affurer qu'il ne peut être comparé à aucun
de l'Univers (2). -

---

(1) Environ 400,000 liv.

(2) Le deffin eft d'après celui du Château des
Thuileries. Louis XIV , dit on , fut fi offenfé que
fon Palais eût fervi de modele à un Hôpital , qu'en
revanche il fit fervir le plan du Palais de Saint-James
à un objet d'une nature bien inférieure.

Les figures des deux Foux,placées fur la porte de
l'Hôpital,font de Gibber,pere du Comédien. « Mon
» pere , Caius-Gabriel Gibber , dit celui-ci , étoit

Après la conſtruction de cet édifice,
on ſe flatta encore de pourvoir à ceux
qui étoient atteints d'une folie incurable & dangereuſe pour le Public;
mais la grande affluence des Inſenſés,
qui arrivoient à cet Hôpital de toutes
les parties du Royaume, fruſtra de
cette ſpeCtative, & fit juger que dans
tous les tems il n'y auroit qu'un bien
petit nombre de logemens à donner:
on crut donc encore néceſſaire de l'ag-
grandir. On ouvrit une ſouſcription
particuliere pour cet objet; & en 1734,

» natif du Holſtein : il vint en Angleterre quelque
» tems avant le rétabliſſement de Charles II, pour
» ſuivre la profeſſion de Sculpteur. Les bas-reliefs
» du pied d'eſtal de la grande colonne , ſituée dans
» la grande Cité, & les deux figures des deux
» Foux, le Délire & la Mélancolie, placées ſur le
» portail de l'Hôpital de Bethléem, ne ſont pas des
» monumens au-deſſous de la réputation d'un habile
» Artiſte ». *Apologie de Gibber, par lui-même.*
C'eſt une tradition que la figure du Fou mélan-
colique eſt le portrait d'Olivier Cromwel. *Note de*
l'Auteur.

deux aîles furent ajoutées au principal corps. Cette augmentation mit les Gouverneurs en état de répondre à une partie des demandes du Public, & il y a maintenant une centaine de Foux incurables, cinquante de chaque fexe, qui jouiffent de tous les avantages que comportent leur déplorable fituation.

Le nombre de malades fuppofés capables de guérifon, monte communément à cent foixante-dix ; & il a été reconnu, par un calcul exact, que deux fur trois étoient rétablis dans leur bon fens. Un pareil dégré de perfection, a rendu encore plus précieufe cette noble inftitution.

Toutes les ames fenfibles éprouvent un plaifir bien pur en réfléchiffant que le poids des miferes humaines eft allégé par les fecours d'un Hofpice amical, où on ne peut pas fouhaiter que les avantages acquerent plus d'étendue.

Il eft un objet important à defirer,

c'eſt que pluſieurs Inſenſés, dont le mal ne laiſſe plus l'eſpoir de guériſon, puiſſent continuer à trouver des ſecours dans ces murs, & à ne pas redevenir pour leurs proches un fardeau trop peſant. Le nombre des incurables que l'Hôpital peut contenir préſentement eſt ſi petit, en comparaiſon de ceux qui attendent leur tour pour être admis! La liſte de ceux qui ſont inſcrits, doit s'élever au moins à deux cents (1); & comme la longévité eſt fréquente parmi les Inſenſés, il arrive communément que les aſpirans ſont obligés d'attendre ſix ou ſept ans, après leur ſortie de l'Hôpital, avant de pouvoir y être reçus de nouveau; durant cet intervalle, ils

_____

(1) Quand un malade, apres une épreuve ſuffiſante, eſt jugé incurable, il eſt renvoyé de l'Hôpital; ſi on juge ſa folie dangereuſe pour lui & pour les autres, ſon nom eſt inſcrit ſur un regiſtre, pour être reçu à ſon tour parmi les incurables de la maiſon, lorſqu'il ſe trouvera une place vacante. *Note de l'Auteur.*

deviennent à la charge de leurs proches ou de leur paroiſſe. Comme leur entretien & leur garde excede de beaucoup les dépenſes & les ſoins néceſſaires pour les autres Pauvres, il faut que des parens honnêtes & ſenſibles ſoient expoſés à avoir ſans ceſſe ſous leurs yeux un ſpectacle ſi révoltant, & à éprouver l'humiliation de recourir aux charités de leur paroiſſe ; indépendamment des événemens malheureux auxquels ils ſont expoſés, dont les exemples ſont trop affreux pour être rapportés ici (1).

Les malheurs qui réſultent du manquement de reſſources pour un ſi grand nombre de malades, ont engagé pluſieurs bienfaiteurs à faire des tentatives pour l'augmentation de l'Hôpital. Pluſieurs en effet ont deſtiné leurs bien-

---

(1) Il y a maintenant à l'Hôpital deux Foux qui ont commis des meurtres d'une nature horrible, *Note de l'Auteur.*

faits fpécialement en faveur des incurables,& il faut efpérer que d'autres vou-
dront bien completter leurs louables
intentions. Le bon ordre & l'humanité
demandent que cette branche de charité ait, dans une fi grande Ville, un établiffement plus confidérable , outre
que c'eft un grand dégré de générofité
d'affifter ceux qui ne peuvent jamais
devenir utiles à la Société & qui font
fi loin de les en récompenfer, qu'ils ne
peuvent pas même fentir la moindre
reconnoiffance pour leurs bienfaiteurs.

Le régime de l'économie de l'Hôpital eft infpecté par un Comité de qua-
rante-deux Gouverneurs ; fept d'entre
eux , avec le Tréforier, le Médecin &
les autres Officiers,s'affemblent chaque
famedi pour recevoir les malades &
régler les autres objets qui concernent
l'aifance, le bien-être, & les avantages
d'une famille fi étendue ; & comme ce
Comité eft ouvert à chaque Gouverneur,

ils retirent tout l'avantage qui peut réfulter de la prudence & des lumieres
de perfonnes différentes dans la maniere
de vivre ; Citoyens refpectables, en-
gagés dans les affaires ou retirés, Médecins ou indépendants par leur fortune, que les loifirs & la bienveillance
portent à prendre ces foins.

Auffi-tôt qu'un Fou eft admis, il eft
confié à l'Econome, qui, fous la direc-
tion du Médecin, prefcrit le traitement
& le dégré de garde qui lui eft néceffaire
dans fa loge.

Les corridors font fpacieux &
aërés (1), & la difpofition de chaque
logement eft faite pour un feul de ces
malheureux. Il regne en même-tems
un ordre, une décence & une propreté

---

(1) La longueur de chaque corridor ou galerie eft
de 321 pieds ; la largeur, de 16 pieds 2 pouces ; &
la hauteur, de 13 pieds ; il y a 175 cellules ; cha-
cune d'elles ont 12 pieds 6 pouces, & 8 pieds de
hauteur. *Note de l'Auteur.*

remarquables dans toute la maifon ; & quoique ces différens fpectacles de folie peuvent affliger les ames fenfibles aux malheurs de l'humanité, ils font adoucis par la vue des foins & des égards avec lefquels on y traite les malades.

Il eft rare de voir les fecours de la Médecine adminiftrés avec plus de zele & d'humanité (1). Les provifions de l'Hôpital, les légumes, le lait, la bierre, &c. y font excellens (2) ; ils font foi-

---

(1) Le Médecin de l'Hôpital eft le Docteur Monro, & le Chirurgien eft M. Richard Bowther. Trop fouvent l'Hiftoire fouille fes feuillets de noms qui ont été l'opprobre de l'humanité ; ce font ceux qui l'honorent par leur bienfaifance qu'elle devroit fur-tout recueillir. *Note du Traducteur.*

(2) Depuis peu, le Comité a alloué d'autres légumes & une meilleure efpece de petite bierre. Cette libéralité a produit généralement les meilleurs effets fur la fanté des malades, & les Médecins ont obfervé qu'ils n'avoient pas été autant affligés du fcorbut (*) & d'autres maladies.

(*) Le féjour de la mer rend le fcorbut affez fréquent en Angleterre ; il l'eft moins en France dans l'intérieur du

gneufement infpectés par l'Econome qui y eft réfident, & fréquemment exa-minés par les Membres du Comité.

Mais l'explication du plan de régime établi dans cette Maifon nombreufe, ne déplaira point fûrement à ceux qui ne traitent pas de puérils ou de peu in-téreffans des détails qui tendent à allé-ger les infirmités humaines. Le déjeûner qu'on donne conftamment aux malades pendant toute l'année, eft du gruau, avec du pain, du beurre & du fel. Ils ont de la viande trois jours de la fe-maine à dîner : le bœuf eft pour le Di-manche, le mouton pour le Mardi, & le veau pour le Jeudi, ce dernier feu-lement depuis la Notre-Dame jufqu'à la Saint-Michel ; pendant la faifon de l'hiver, le cochon & le mouton lui font fubftitués. Ils ont auffi une quan-

---

Royaume ; mais nos *Provinces* maritimes , & fur-tout la Bretagne , en font beaucoup plus infectées. *Note du Tra-ducteur.*

tité

tité fuffifante de bouillon. On donne encore de tems en tems à chaque galerie (1) un fupplément en rôti fur les économies de la totalité. La quantité de viande eft pour chaque individu de huit onces, outre les légumes & une chopine de petite bierre. Les jours où ils n'ont pas de viande, qu'on nomme jours *banyan*, ils ont du riz ou une foupe au lait, avec du beurre & du fromage. On leur donne conftamment pour fouper du pain & du fromage, avec une chopine de petite bierre ; & douze de chaque galerie ont à leur tour du beurre s'ils le préferent.

Les cellules font vifitées chaque matin par les Domeftiques, qui font leur rapport à l'Apothicaire (2), lequel va faire fa ronde à huit heures pour les infpecter eux-mêmes, & pour donner les ordres néceffaires. Les vifites du

_____

(1) Il y en a cinq.
(2) M. Jean Gozna.

B

Médecin se font trois jours de la se-
maine ; il a des jours fixés pour les
opérations médicales , & le froid ou le
chaud est employé dans les cas où il est
jugé néceffaire.

Chaque malade a le dégré de liberté
qui peut ne le pas expofer ni être contraire à la fûreté générale. Dans l'hiver,
ils ont des chambres avec des feux (1) ,
où tous les convalefcens font réunis ;
dans l'été , ils fe promenent dans les
cours , & de tems en tems ils s'amufent
entr'eux à différens divertiffemens, qui
contribuent à les diffiper & à calmer
l'agitation de leurs efprits.

Autrefois , l'Hôpital tiroit annuellement au moins 400 l. fterling de revenu,
par les vifites qu'une vaine curiofité
attiroit dans ces régions infortunées ;
mais cette liberté , quoiqu'avantageufe
pour les fonds de charité , fut règardée

_____

(1) Pour prévenir les malheurs , ils font défendus
par de larges gardes-feux de fer.

comme contraire à fes grandes vues, parce qu'elle tendoit à troubler la tranquillité des malades. Il fut donc décidé, en 1770, de ne plus expofer cette maifon aux regards publics, & maintenant elle eft à peine ouverte aux Etrangers, à moins qu'ils n'y foient introduits par un ordre particulier ; les proches des malades n'y ont qu'un accès limité. A l'admiffion d'un Fou, on délivre un billet qui autorife le porteur à venir à l'Hôpital un Lundi ou un Mercredi, depuis dix heures jufqu'à midi.

Il ne peut pas y avoir d'inconvénient de contredire ici les bruits injurieux, adoptés fur-tout par cette claffe du peuple fi enclin à porter préjudice aux inftitutions charitables : on a prétendu que les malades de l'Hôpital étoient battus & traités durement, fur-tout lorfqu'il s'agiffoit de leur faire fubir les opérations néceffaires à leur état. Ces

B 2

difcours font abfolument faux ; nul
Domeftique n'eft affez téméraire pour
abufer de l'autorité qui lui eft confiée,
& il lui eft ftrictement défendu de frapper dans aucun cas, excepté pour fe
défendre. Il eft notoire que les Membres
de cette famille font traités avec toute
la douceur que permet leur fituation.
Si l'humanité & les attentions recon-
nues des Officiers de cette Maifon n'en
étoient pas une preuve fuffifante, l'inf-
pection des Gouverneurs qui à différens tems font de fervice au Comité,
démontreroit la fauffeté de ces foup-
çons. En un mot, la nourriture eft for-
tifiante, le traitement doux & capable
d'aider l'efficacité des remedes ; telle-
ment que les malades qui y ont été
traités & qui connoiffent parfaitement
le régime de la Maifon, ont déclaré
que s'il plaifoit jamais à Dieu de les
vifiter en leur renvoyant cette maladie,
ils voudroient être admis de nouveau
dans cet Hôpital.

L'admiffion d'un malade exige peu de difficultés ; il eft premierement néceffaire de favoir les cas où la prudence de l'Hôpital fe refufe de les recevoir ; ces cas font peu nombreux, & cette circonfpection fera fans doute approuvée. Les Imbécilles, les Paralytiques, les Epileptiques & ceux qui commencent à être affoiblis par l'âge & de longues maladies, font exclus : on fuppofe que ceux là peuvent facilement être fecourus par leurs proches & leurs paroiffes (1). Il eft fpécialement reconnu que perfonne n'eft confidéré comme incapable d'admiffion pour avoir été

---

(1) Le peuple des campagnes jouit en Angleterre d'une aifance qui ne reffemble guères à la fituation des Payfans de la plupart des Royaumes de l'Europe ; ainfi ils font plus à même de procurer des foulagemens à leurs parens infirmes : ils trouvent encore avec plus de facilité des fecours dans leur paroiffe, parce que la différence des fectes contribue à infpirer plus d'attachement aux communions pour leurs membres refpectifs. *Note du Traducteur.*

B 3

renvoyé d'un autre Hôpital de Foux
fans être guéri. Quand les parens d'un
Infenfé ont prouvé qu'il mérite d'être
un objet de cette charité, & que la de-
mande & les certificats font revêtus des
formalités ufitées, il faut alors fe faire
préfenter par un des Gouverneurs.
L'Hôpital exige auffi que fur l'admiffion, deux Gardiens puiffent s'engager
à prendre le malade quand il eft renvoyé par le Comité, & à payer la dépenfe des habits & de la fépulture dans
le cas de mort. Si le malade eft envoyé
par fa paroiffe ou par d'autres perfonnes
publiques, on paie la fomme de trois
pounds quatre fchellins pour le lit;
mais s'il eft placé par fes parens, l'Hôpital, attentif à les alléger de ce fardeau, réduit la fomme à deux pounds
cinq fchellins & fix fols (1), bien en-

_____

(1) Quand un Incurable eft tout-à-fait établi dans
la maifon, fes parens ou fa paroiffe paient par fe-
maine à l'Hôpital une demi-couronne (ce qui fait
un peu plus de 50 fols.) *Note de l'Auteur.*

tendu auſſi qu'il ſera habillé ; & dans le manquement d'un pareil ſecours, l'Hôpital pourvoit à ſes vêtemens au plus bas prix poſſible , & les cautions remettent ces avances (1).

---

(1) L'Hôpital a ordonné que ce que les parens ou les paroiſſes auroient manqué de fournir aux malades , le feroit par l'Econome de la Maiſon, d'après les ordres du Comité , aux prix ſuivans :

POUR FEMMES.

	Schel.	Sols.
Une couverture.	10	6
Une robe ou déshabillé.	19	
Un corſet.	3	3
Une paire de ſouliers.	3	1
Une paire de bas.	1	1
Un tablier.	2	2
Boucles.		8

POUR HOMMES.

	Schel.	Sols.
Un habit.	16	6
Une veſte.	6	4
Une culotte.	9	4
Une chemiſe.	3	11
Une paire de ſouliers.	4	6
Une paire de bas.	2	3
Un bonnet.	1	
Une couverture.	10	6
Boucles.		8

Le ſchelin vaut environ 22 ſ. & demi ; le ſol, deux ſols de notre monnoie.

Il n'y a pas de tems limité pour garder un malade dans l'Hôpital , dont le
traitement eſt commencé. Ce traitement dure généralement une année ;
quelquefois il eſt rappellé à la raiſon
en peu de mois. Ce n'eſt point aux
Gouverneurs à juger quand un Inſenſé
rétabli doit être renvoyé de l'Hôpital.
Au tems de ce renvoi , il eſt interrogé
ſur le traitement qu'il a reçu ; & s'il
avoit des motifs de plaintes, il eſt requis
de les déclarer : il eſt auſſi invité à s'a-
dreſſer dans les circonſtances aux Médecins de la Maiſon , qui lui donnent
des avis & des remedes pour prévenir
les rechutes ; & s'il paroît dans un état
de détreſſe , le Tréſorier & le Médecin
ont le pouvoir de l'aider d'un peu d'ar-
gent à ſon départ.

Qu'il eſt heureux pour cet individu,
pour ſes proches , pour la Société ,
que la divine Providence ait ainſi pourvu à ſon rétabliſſement ! Les ſouhaits
des ames bienfaiſantes ſont ſatisfaits ;

mais les fuccès de cet établiffement font encore loin d'être complets ! Combien nous déplorons la pofition des Foux incurables, perdant les fecours auxquels ils avoient été accoutumés, & tombant à la charge de leurs infortunés parens (1) ! Les efpérances de fon retour à cet afyle ne font pas, il eft vrai, tout-à-fait perdues ; mais la perfpective en eft trop éloignée pour le confoler de fon état préfent ; il faut qu'il s'écoule un grand laps de tems avant qu'il puiffe être admis de nouveau ; il faut, dans ces longs intervalles, que ces malheureux ne foient point expofés à fe nuire & au Public. La moindre dépenfe annuelle dans les maifons où ils font entretenus par les paroiffes, excede 20 pounds (2). Les per-

_____

(1) Ce cas eft fpécialement malheureux quand le malade, comme il arrive fouvent, eft envoyé à Londres d'une Province éloignée. *Note de l'Auteur.*

(2) Près de 20 louis.

fonnes fenfées pouvant juger de l'économie qui devient néceffaire pour des
parens dont la fortune eft bornée, cal-
culeront facilement le poids & l'effet
d'un tel fardeau, & fentiront combien
il eft cruel de lutter entre la néceffité
& la pitié, entre les affections les plus
cheres de la Nature & le produit d'une
honnête induftrie, que de trop grands
efforts rendent enfuite infuffifante &
contraignent d'accepter ces mêmes
fecours pour eux-mêmes, qu'ils auroient rougi de demander pour leurs
plus chers parens.

Combien ne feroit pas glorieufe une
entreprife qui auroit pour but d'augmenter l'étendue de cet établiffement
de charité en faveur des Foux incurables! La raifon bienfaifante qui orne
fi particulierement le nom anglais,
fait efpérer que ce grand ouvrage ne
demeurera pas incomplet.

F I N.

ON ne peut voir fans attendriffement
le Peuple britannique porter fes regards
paternels fur la portion la plus mal-
heureufe de fes Sujets , pourvoir avec
tant de générofité & de zèle à leur foulagement & à leurs befoins, les furveiller avec tant de follicitude & de
vigilance. D'autres Nations ont bien
fu ouvrir également des afyles aux
infirmes & aux infortunés ; mais le
manque de lumieres, la cupidité & la
négligence en ont fait des réfuges de
l'oifiveté, y ont multiplié les maux &
la mifere au lieu de les diminuer & de
les alléger , ont hâté le cours de la vie
des hommes au lieu de la prolonger :
ainfi , loin d'être utiles à l'humanité ,
ils en font devenus le fléau ; loin d'ho-
norer leur pays , ils en ont été l'opprobre. Lorfqu'on a mis en queftion
fi les Hofpices publics étoient utiles
aux Gouvernemens & aux individus,
fans doute la vue de ces innombrables

abus avoit fait naître ces doutes ; pour
les diffiper , il auroit fuffi de s'arrêter
fur les touchans tableaux que nous
préfente l'Angleterre , & de nous mon-
trer la poffibilité d'en offrir de fembla-
bles chez les autres Nations : alors qui
pourroit douter que les Hôpitaux ne
devinffent avantageux & honorables
aux Peuples , aux Particuliers & à
l'humanité? Si l'Angleterre donne cet
exemple mémorable , il faut en chercher d'abord la caufe dans fon gouvernement , qui dévoile au grand jour fes
adminiftrations , qui permet à chaque
Citoyen d'indiquer fes vues fur elles ,
d'en cenfurer en tout tems la geftion ,
la police & même les Membres , qui
laiffe de plus aux malheureux qui les
habitent le droit de faire entendre leurs
plaintes aux Adminiftrateurs , aux re-
préfentans de la Patrie , & à la Nation
entiere. Cette comptabilité publique
des fonds & de la difcipline, entretient

l'attention de tout le Peuple , tient
les Gérans fans ceffe en activité fur la
crainte des dénonciations. Une autre
caufe non moins puiffante , eft l'idée
que cette Nation fe fait de la dignité
de l'homme : chez elle , ce n'eft point
l'opinion exclufive de quelques Ecrivains ifolés ou de quelque claffe particuliere de Citoyens ; elle fe manifeſte
dans les campagnes comme dans les
villes ; elle y influe fur la légiflation
& fur les mœurs , & peut-être même
eft-ce elle feule qui lui donne ce carac-
tere d'énergie & d'élévation qui la dif-
tingue , qui contribue à la rendre plus
réfléchie & plus méditative (1).

_____

(1) Vers la fin de 1781 , je revins de l'Amérique
feptentrionale fur un vaiffeau parlementaire qui ra-
menoit des Prifonniers Anglais faits au fiége d'York-
Town : notre deftination étoit pour Plymouth ; mais
les Prifonniers, la plupart Matelots, plus nombreux que l'équipage Français, fe rendirent maîtres
du vaiffeau , le dirigerent vers le nord de l'Ecoffe ,
afin de n'être point expofés à être preffés en arri-

Nos Voyageurs , au lieu d'obferver
ce Peuple fous ces grands rapports ,

vant. Nous débarquâmes à l'île d'Ifla , peuplée
d'environ cinq ou fix mille habitans, & fi aride,
qu'il n'y croît pas même d'arbuftes. On mit à terre
deux hommes qui venoient de mourir ; cette vue
fit fuir les habitans , que notre arrivée avoit attirés:
les deux cadavres reftèrent fur la grève une partie
du jour. M. Campbell, Capitaine d'un Régiment
Ecoffais , dit à un jeune Lieutenant : Laifferons-
nous ainfi nos freres fans fépulture ? Aidez-moi à
remplir envers eux ce dernier devoir. En même-
tems ils fe chargent des corps, traverfent Beaumore,
capitale de l'île , pour les porter au cimetière , fitué
au-delà.

Les Matelots, à leur arrivée, s'emparerent des
paquebots, de forte qu'il n'y avoit plus d'efpoir de
paffer fur le continent d'Angleterre avant quinze
jours. Quatre Soldats Anglais , invalides , ne pouvant jufqu'à ce tems fe rendre à Edimbourg , fe
trouverent fans reffources : les plus aifés de l'île les
logerent , pourvurent à tout ce qui leur étoit néceffaire pendant leur féjour & pour leur voyage. On
propofa de donner un bal à quelques Officiers Français qui étoient arrivés fur le même parlementaire:
Comment , dit un des habitans , pourrions-nous
nous livrer à la joie , lorfque nous avons des freres
dans l'affliction ? Il vouloit parler des quatre Soldats. Cette réflexion n'eut point de contradicteurs ;

vont dans leur seule capitale y voir
des hommes & des mœurs qui reſſem-
blent à ceux des autres pays ; ils cou-
rent à leurs ſpeĉtacles & à leurs courſes,
s'occupent de leurs modes bizarres &
de leurs Arts futiles , & oublient ces
monumens impoſans qui caraĉtériſent
leur bienfaiſance & leurs lumieres ; ſi
leurs regards les rencontrent , c'eſt
pour en admirer la majeſtueuſe ordon-
nance , & non pour entrer dans ces
détails ſi intéreſſans aux ames ſenſibles,
ſi utiles pour les malheureux. Le grand
nombre de nos Littérateurs ne s'em-
preſſent également de tranſporter dans
notre langue que leurs produĉtions
éphémeres & légeres , & nous laiſſent

---

on ne donna pas de bal aux Français , qui ne furent
pas accueillis avec moins d'égards. J'ai cru reconnoître le même caraĉtere national dans l'eſpace de
plus de deux cents lieues que j'ai fait en Angleterre :
la différence ſe fait ſentir aux approches de Londres
& ſur les routes qui conduiſent aux ports où l'on
s'embarque pour le Continent.

ignorer celles qui pourroient étendre nos connoiffances fur l'Agriculture & fur les Arts & les Sciences relatifs au bonheur & à la confervation des hommes (1).

L'Ouvrage dont je publie dans ce moment la traduction , peu étendu il eft vrai, mais fi important par le fujet, connu plutôt , auroit peut-être fait naître des lumieres qui auroient contribué à nous éclairer fur le régime de nos Hôpitaux, à nous faire fentir la néceffité des réformes : ainfi le fort d'une multitude de malheureux auroit été adouci , & les jours d'un grand nombre auroient pu être prolongés.

La France l'emporte fur toutes les

---

(1) Aucun Peuple n'a plus raifonné fur l'Agriculture. Chez eux, ce n'eft point comme ailleurs une Science fyftématique ; fa théorie eft fondée fur de longues obfervations. Le goût général des Anglais pour la campagne , les porte à y réfider long-tems , & par conféquent à s'éclairer davantage par l'expérience.

Nations ; par le nombre de Retraites
qu'elle a élevées en faveur des infirmes & des malheureux : dans les tems
les plus reculés, elle se montre occupée de ce soin : on voit nos Rois ajouter de siecles en siecles de nouveaux
bienfaits à des bienfaits ; les grands
Vassaux & les Riches consacrer à cet
objet les plus belles portions de leur
patrimoine ; le Gouvernement mettre
en leur faveur à contribution jusqu'aux
plaisirs que le desœuvrement & le luxe
des grandes Villes ont forcé de tant
multiplier, & jusqu'à ces maisons de
prêt publiques, que le trop grande faste
des uns, & la trop grande détresse des
autres, ont rendu trop nécessaires. Par un
heureux hasard, à mesure que le luxe
& les charges publiques ont multiplié
les malheureux, des sources plus abondantes ont coulé en leur faveur. Il est
difficile de sçavoir si c'est dans la même
proportion : l'état de nos Hôpitaux ne

porte pas à le faire croire. Leur ancienneté, leurs étendues progreffives, la complication de leur régime, y ont introduit peu-à-peu des abus, & les ont fortifiés ; on s'eft familiarifé avec eux : on les a cru indeftructibles, & inféparables de la conftitution de ces maifons. Ces dangereux préjugés ont fait naître de nouveaux défordres ; les dénonciations de quelques Ecrivains courageux , ont à peine fuffi pour tirer la Nation de fa ftupeur. L'époque femble enfin arrivée où elle tourne des regards attendris fur ces régions infortunées : Et que ne doit-on pas en efpérer, quand on voit un Miniftre, en fe montrant fi zélé pour l'embelliffement de la premiere Ville du monde , l'eft encore plus pour ce qui peut tendre au foulagement des malheureux ?

C'eft dans de telles circonftances , qu'il feroit intéreffant d'expofer au

grand jour l'état actuel de nos Hôpitaux , l'hiftoire de leur origine , de
leurs progrès , le régime fur-tout
qu'elles ont fuivi dans les différentes
époques de leurs révolutions, le nombre
des individus qu'elles ont reçus chaque
année , ceux qui en font fortis & qui
y font , inftruiroient & offriroient des
comparaifons, qui rameneroient fans
doute aux fources du mal , qui indi-
queroient une partie des moyens de l'arrêter. Ce que nous allons préfenter ,
n'eft qu'un coin de l'attendriffant ta-
bleau que nous défirons voir exécuter.
Peut-être même vaudroit-il mieux que
chaque objet fût ainfi traité fépa-
rément , & qu'on en rapprochât ce que
les Etrangers offrent de meilleur dans
ces différens genres. Les moyens d'o-
pérer la révolution, deviendroient plus
fûrs & plus faciles (1) , & les erreurs

(1) Les Papiers publics viennent d'annoncer que
le Gouvernement avoit envoyé des perfonnes inf-

feroient moins dangereufes que dans un plan plus étendu.

La Pitié , Bicêtre & la Salpétriere , forment ce qu'on appelle l'Hôpital-Général ; ces trois Maifons font gérées par les mêmes Adminiftrateurs ; leurs revenus font pris généralement fur les mêmes fonds. On porte à plus de douze mille ames les malheureux & les infirmes qu'elles renferment. Si ce nombre fuppofe une grande puiffance pour foutenir un fi pefant fardeau, il montre auffi combien il exifte dans ce grand Empire d'infortunés. On reçoit dans ces Maifons des enfans depuis l'âge de deux ans jufqu'à douze , nés à Paris & dans fes environs. A Bicêtre, on n'admet que des hommes : la Salpétriere eft deftinée pour les femmes. Les pauvres qui s'y préfentent , doivent être parve-

---

truites en Angleterre & en Hollande , pour examiner la conftitution de leurs Hôpitaux.

nus au moins à 60 ans : on reçoit quantité d'infirmes beaucoup au-deſſous de
cet âge , nés auſſi dans la banlieue de
Paris , ou domiciliés depuis deux ans.
Ces deux Maiſons ont auſſi reſpecti-
vement des départemens pour le traitement des Maladies Vénériennes , pour
la punition des vagabonds , des femmes
de mauvaiſe vie , de ceux qui ont été
flétris par la Juſtice , par la Police , &
pour garder ceux que le Gouvernement ou des parens croient ſouſtraire
à la Société. Il y a d'autres départemens
pour les infirmes , les épileptiques ,
enfin pour les inſenſés. Leur régime
eſt le même dans l'une & l'autre maiſon : ainſi en expoſant celui de l'une ,
nous ferons connoître celui de l'autre.

Il exiſte actuellement à la Salpétriere (15 Juillet 1787) , 511 inſen-
ſées , & 147 épileptiques qu'on met
pour l'ordinaire dans la claſſe des inſenſés , leur accès étant le plus ſouvent

accompagné de longs momens de démence. Il faut comprendre fur ce
nombre, près de 50 perfonnes employées à leur fervice. On donne à ces
malades une livre & demie de pain par
jour, d'une couleur un peu bife, mais
affez bon au goût. Leurs mets font
pour les Lundis & les Vendredis, des
pois, des lentilles ou des féves ; pour
les Mercredis, une once de fromage ;
& pour les Samedis, une once de beurre.
Le Dimanche, le Mardi & le Jeudi,
ils ont un quart de viande crue, réduite
cuite à deux onces. On leur apporte
cette viande froide, coupée par mor-
ceaux dans des corbeilles, & je ne crois
pas qu'on la leur ferve jamais chaude.
Les vieillards qui ont atteint 70 ans,
ont un quart de vin de plus. Tous les
deux ans on habille ces malades d'un
vêtement de bure ; ils ont une paire de
bas tous les ans ; on les leur donne à
l'entrée de l'hyver, parce que quand

elle eſt uſée , ils s'en paſſent toute l'année. On m'a aſſuré qu'on changeoit fréquemment de linge ceux dont l'état le permettoit. Les loges où ils habitent, ſont au nombre de deux cens ; elles ont ſix pieds quarrés en hauteur comme en largeur : on a ſcellé au deux côtés de la porte des planches dans le mur pour y ſervir de lit. On donne à ceux qui payent penſion une loge pour deux ; les plus furieux ne peuvent être davantage : pluſieurs même ſont , je crois , ſeuls. Ainſi le reſte des Loges, réparti entre les autres inſenſés , eſt très-borné. Il faut qu'elles ſoient occupées au moins par quatre. On s'imagine difficilement combien un eſpace ſi étroit , doit être gênant pour des malheureux que leurs dérangemens rend ſi inquiets & ſi turbulens. L'agitation d'un ſeul y trouble le repos des autres ; ce repos ſi néceſſaire à tous les êtres , l'eſt ſur-tout pour ceux dont

le fang eft fi fouvent en incadefcence.
Il feroit difficile & même impoffible
aux perfonnes les plus calmes , les
mieux portantes, de trouver, ainfi pref-
fées, étouffées, un feul inftant de fom-
meil. Les Malades font donc privés
d'un des plus preffans befoins , la plus
chere confolation des malheureux. Que
n'eft-ce pas en y ajoutant les fouffran-
ces de la mal-propreté ? Ils n'ont pour
fe coucher qu'un peu de paille devenue bientôt fale , & où la vermine
les tourmente ; jufqu'aux rats viennent
ronger leurs habits pendant leur fom-
meil , les mordre , & leur difputer le
peu de pain qu'on leur donne. Ces détails révoltans ne font malheureufe-
ment pas exagérés ; je ne les articule
que d'après la vue & des témoignages
irréprochables. L'on m'a affuré que
l'adminiftration paye annuellement ,
fix cent livres à un Marchand de
mort-aux-rats. Si la cupidité rend ce

malheureux infenſible aux maux qu'il
fait fouffrir, comment l'Econome où
les Chefs chargés de le furveiller,
fe rendent ils coupables d'une négligence ſi funeſte ? Ceux qui déchirent
leurs habits en font tout à fait privés ;
& parmi eux pluſieurs payent des
penſions conſidérables, relativement à
ces Maiſons. Ils n'ont pour fe couvrir
que des haillons ou une mauvaiſe couverture en lambeaux. D'autres offrent
une nudité auſſi révoltante à l'humanité que contraire à la décence. On ob-
jecte qu'ils déchirent ceux qu'on leur
donne ; mais n'eft-il pas poſſible de les
faire tels qu'ils ne puiſſent les endom-
mager ? Londres n'offre point ces tableaux dégoûtans & humilians ; on n'y
voit point non plus ces malheureux enchaînés d'une maniere auſſi barbare ;
leurs traitemens plus réguliers & plus
doux, des foins plus actifs, ne rendent
pas les malades auſſi dangereux, & ne

fait pas employer la violence auſſi lé-
gérement.

On ne doit point s'étonner que les
inſenſés dont les traits & le teint ſont
ordinairement animés, plutôt ſanguins
que bilieux, ayent cependant dans ces
Maiſons un air languiſſant, ſoient jau-
nes & livides, & que leur corps y ſoit
couvert de galle. Tant de malproprété,
un ſi petit eſpace où l'air ſe corrompt
par tant de cauſes, doivent faire re-
garder comme étonnant qu'ils puiſſent
même y vivre quelques années. En
effet, pluſieurs de ces malheureux ont
conçu une telle horreur pour ces loges où on les entaſſe ſi inhumainement,
qu'ils préferent d'être expoſés en de-
hors ſur des planches abritées ſeulement par un auvent. Là, pluſieur,s ran-
gés de files, enveloppés ſeulement
d'une mauvaiſe couverture, enchaînés,
accroupis ſur ce lit de douleur, bra-
vent jour & nuit pendant des années

les intempéries de toutes les faifons. Le
foleil les y brûle , les gelées , les nei-
ges , les frimats les y frappent & les y
éprouvent tour à tour:ceux qui ne font
point enchaînés, qui ont la liberté de fe
promener,font prefqu'auffi à plaindre :
ne pouvant fe tenir dans leur loge , ils
font forcés de refter auffi expofés pendant le jour à la dureté des tems : leur
cour étroite & ferrée , qui dans les Etés
répercute par les pavés & par les murs
les rayons du Soleil , eft changée en
fournaife; ils y foupirent en vain après
un peu d'ombre ; dardés de toutes parts
par les feux du Soleil & dévorés par un
air brûlant,ils font confumés intérieure-
ment & extérieurement. Des cloches
énormes s'élevent fur leur peau havrée
& gerfée,& leur fang allumé augmente
leur démence , hâte bientôt la mort
devenue un bien pour eux. Ceux d'une
conftitution délicate,périffent ordinairement en peu de mois. Le fort des

infenfés eft de vivre ordinairement
long-tems (1), parce que leur fang fouvent agité, & fouvent en mouvement,
empêche la ftagnation & l'augmentation des humeurs, & prévient fes fu-
neftes effets. Dans ces Maifons, peu
parviennent à un âge ordinaire : fur cinq
cent onze, à la Salpétriere, il s'en
trouve à peine dix de foixante ans.

On y conftruit, il eft vrai, dans ce
moment, cinq cent loges, bientôt elles
feront infuffifantes, & feront renaître
les mêmes calamités ; car outre que le
nombre des Folles réuni à celui des
Epileptiques, s'éleve déjà à plus de fix
cent, il fera encore promptement aug-
menté, parce que moins de mal-aife en
fera d'abord périr un moins grand nombre, & que d'ailleurs l'efpoir d'être
mieux en attirera d'autres.

_____

(1) Voyez plus haut l'Hiftoire de l'Hôpital de
Bethléem.

Si l'emplacement des maifons de Bicêtre & de la Salpétrière eft trop refler-
ré pour donner une étendue convena-
ble à ces infortunés , fi le fol des environs de la Capitale eft à un trop grand
prix,& fi nous craignons d'employer en
faveur de tant de malheureux une partie
de ces dépenfes deftinées à ces Etablif-
femens fomptueux pour le luxe des
Arts & les agrémens de l'oifiveté, éloi-
gnons de ces lieux un fpectacle qui
troubleroit notre férénité; cherchons
quelques chétives contrées , quelques
folitudes d'où nous ne puiffions plus
être interrompus par leurs gémiffe-
mens : choififfons-leur quelques-unes de
ces maifons Religieufes prefqu'aban-
données , & devenues inutiles : deftinées autrefois à fervir d'afyle à l'humanité fouffrante ou dépourvue de fecours , elles feront ainfi rendues à leur
premiere inftitution. L'exiftence de
ces malades y fera moins onéreufe

en y trouvant des alimens moins chers
& cependant plus fains, leur confom-
mation vivifiera des lieux que de trop
riches poffeffeurs épuifent en verfant
dans le féjour corrupteur des villes les
tréfors qu'ils en tirent : plus d'aifance,
& le choix des moyens fages & écono-
miques, ne demanderoient qu'une bien
foible augmentation, facile à fuppléer
par la bienfaifance des Citoyens. Le
grand nombre qu'un bon traitement
contribueroit à guérir (1), deviendroit
un allégement qui tourneroit à l'avantage des autres. Leur logement d'ailleurs n'eft pas fufceptible de grandes
dépenfes, & leur traitement eft également fimple & peu difpendieux. D'a-
bord il leur faut la tranquillité & l'air :
leur imagination étant fouvent plus af-
fectée que leur corps même, & ayant

---

(1) Nous venons de voir l'Hiftoire de l'Hôpital de
Londres, nous annoncer que deux fur trois étoient
guéris.

toujours une grande influence fur lui ,
il faut la diſtraire doucement, éloigner
d'elle tout ce qui pourroit la frapper
d'une maniere trop vive , & l'émou-
voir déſagréablement. Les cris , le tu-
multe & la contrariété ſemblent autant
de cauſes qui doivent provoquer ſes
égaremens. Des objets trop variés &
trop changeans , des couleurs même
trop vives, paroiſſent , en agiſſant trop
fortement fur les ſens , l'entraîner auſſi
trop loin ; ainſi je croirois qu'il faudroit les placer dans un lieu écarté
dont la vue un peu bornée ne les expo-
feroit pas , en leur offrant trop d'objets, à réveiller en eux des idées cheres
ou déſaſtrueuſes. Un air également
tempéré , plutôt humide que trop ſec
& trop vif , contribueroit encore en
calmant leurs ſens , à rendre cette imagination moins animée & moins er-
rante. Je voudrois donc qu'attenant
leur cellules il y eût un enclos ſpa-

cieux , où en fe promenant, des arbres leur offriroient un ombrage falutaire ; des gazons les inviteroient à s'y repo-fer. Leurs promenades paifibles les difpoferoient à recevoir les émanations bienfaifantes des végétaux fi propres à tempérer l'effervefcence du fang , & à tranquillifer l'ame. Les teintes douces de verd qui de toutes les couleurs fa-tiguent & irritent le moins l'organe de la vue , & que la Nature femble avoir préféré dans cette intention, aideroient encore à les tranquillifer. Il faudroit choifir avec un égal foin l'expofition de leur demeure ; celle du nord ne re-cevant jamais les impreffions du foleil, eft fans doute trop froide & trop dure ; elle femble généralement trop affec-ter le genre nerveux fi irritable dans prefque tous les infenfés. Celle du le-vant qui dès le matin éprouve les bé-nignes influences de l'Aftre du jour , qui n'en reffent pas les effets trop ar-

demment

demment ni trop long-tems , eſt préfé-
rable à toutes.

La propreté devient auſſi indiſpen-
ſable ; elle prévient les maladies de la
peau , facilite la tranſpiration , contribue autant que les bains à donner aux
nerfs leur ton & leur accord. Sou-
vent leur diſſonance eſt la ſeule cauſe
de l'aliénation de l'eſprit. Quand ils
n'auroient pour lit que de la paille ,
qu'elle fût au moins fraîche & ſouvent changée ; quand ils ne porteroient
que des habits de bure la plus groſ-
ſiere , qu'ils fuſſent ſouvent lavés ; &
que les perſonnes deſtinées à les ap-
procher évitaſſent autant qu'il feroit
poſſible de les animer par des propos
durs & par des contrariétés.

L'Hôpital de Londres qui a ſenti
combien les viſites des Etrangers troubloient leur tranquillité , s'eſt décidé
à les interdire , malgré ce qu'elles ajou-
toient à leur ſoulagement. Tous ceux
qui ont été dans les Maiſons de Bicêtre

D

& de la Salpêtriere, s'y feront apperçus aussi combien leur présence contribuoit à augmenter la démence & la fureur de plusieurs malades.

Les alimens qui influent tant sur le moral des meilleures constitutions, qui provoquent la gaieté ou la diminuent, qui réveillent l'imagination ou l'assoupissent, qui en agissant d'une maniere prompte & momentanée, modifient notre organisation, préparent pour l'avenir nos dispositions à telles vertus, à telles qualités, nos inclinations à tels défauts & à tels vices, agissent encore d'une maniere plus prompte & plus puissante sur les foux, par les effets rapides qu'ils operent sur leur sang plus animé & plus fluide & sur leurs nerfs plus sensibles. C'est aux gens de l'Art, éclairés par l'étude, & plus encore par les observations, à le prescrire selon les lieux, les saisons & les sujets.

En général les bains & les saignées sont les moyens employés avec plus

d'efficacité ; mais ils auront peu d'effets,
& feront nuls ou même contraires, s'ils
ne font accompagnés des moyens phy-
fiques & moraux que nous venons d'indiquer. Les Malades de Bicêtre & de la
Salpêtriere qu'on tranfporte à l'Hô-
tel-Dieu, font loin d'y trouver ce que
nous demandons ; auffi malgré la fa-
gacité de ceux qui préfident à leur traitement, le plus grand nombre y périt,
d'autres en reviennent plus aliénés :
très-peu y trouvent leur guérifon,
réfultat bien différent de celui de
Londres, & bien humiliant pour notre
Nation. Que de pères de familles en-
levés ainfi à leurs époufes & à leurs
foibles enfans ! que de cultivateurs,
que d'artifans, que de citoyens per-
dus pour la Patrie ! A Londres, ceux
qui n'ont pû être parfaitement guéris,
éprouvent des traitemens qui temperent
leur folie, qui prolongent leurs momens de raifon ; tandis que parmi nous
tout contribue à épuifer leurs corps, à

les aliéner de plus en plus. Hélas! cette raison , pure émanation de la Divinité , fans qui nous devenons le plus abject des Etres , qui nous éléve au-deſſus de tout ce que nous connoiſ-fons ici , qui nous tranſporte dans l'ave-nir & dans le paſſé, juſques dans les ré-gions infinies des poſſibles , eſt·elle donc aſſez peu à nos yeux, pour que nous dédaignions d'arrêter & de fixer plus long-tems ſur nos freres ſes fu-gitifs rayons? Nous nous glorifions d'apprendre aux ſourds à ſuppléer à l'ouie , aux muets à la voix , aux aveugles à la vue : ah! il eſt encore plus glorieux & plus utile de rendre aux affections de la nature, aux devoirs de la raiſon , celui qui ne connoît plus de parens , d'amis , de citoyens, qui n'a de facultés que pour porter le déſaſtre ſur tout ce qui l'environne , pour attenter juſques ſur lui-même !

Il eſt encore un autre moyen que je crois auſſi néceſſaire à leur parfait rétabliffement ; c'eft l'occupation dont la Nature a fait un befoin à tous les hommes. Elle punit ceux qui la négligent, par une foule de maux inconnus au refte des mortels ; des douleurs lentes & fourdes, les fombres vapeurs, l'ennui, qui flétrit tout ce qui l'entoure, deviennent fon lugubre cortège. Il faut donc chercher à diffiper les infenfés par des travaux proportionnés à leur état & à leurs facultés. Une application raifonnable détournera leur attention d'objets dont le fouvenir peut leur être nuifible, préviendra les affections nerveufes, contribuera à rendre la circulation du fang plus égale. Soit qu'on les employe à quelques Manufactures, au fervice ufuel de la Maifon, ou à différentes opérations de l'agriculture, ils foulageront ainfi l'Hofpice du fardeau de leur entretien & de leur exiftence. On pourroit les encourager au travail, en accordant à ceux qui en feroient fuf-

ceptibles, quelques douceurs particu-
lieres, une liberté plus étendue, & des
diftinctions flatteufes.

La Mufique, qui plus d'une fois a
rappellé des Mortels des portes du tom-
beau, qui fait charmer les fombres
foucis, affoupir les douleurs les plus
vives, porter l'émotion dans l'ame du
plus infenfible, pourroit auffi contribuer à diffiper la mélancolie apathique
des infenfés, réprimer leur frénéfie,
rétablir l'ordre & l'harmonie dans leur
organe; comme autrefois, les touchans accords du jeune David cal-
moient les féroces tranfports de l'ingrat
Saül. Tandis qu'à fi grands frais, elle
fait réfonner ces Temples confacrés
aux jeux & aux plaifirs, ces Palais
qu'habitent l'oifiveté & la molleffe, ne
viendra-t'elle pas avec des modes plus
fimples & moins fomptueux dans le féjour de la douleur & des larmes, fufpen-
dre ou adoucir les maux de tant d'infortunés! Sans doute la bienfaifante Nature

ne créa point cet art puiſſant pour nous
rendre plus ſenſibles aux charmes de la
volupté : ce fut pour réparer les malheurs de nos foibleſſes, de nos infirmités, de nos erreurs & de nos excès.

On a vu combien le traitement des
foux, differe en Angleterre de celui de
nos Hôpitaux, & les malheurs qui en
réſultent. Les moyens que j'indique
pour concourir à leur rétabliſſement ou
à leur ſoulagement, ſont loin de ceux
qu'une étude approfondie pourroit apprendre. L'art de guérir les foux, eſt
encore dans l'enfance, & pour le
poſſéder, il faudroit étendre ſes re-
cherches au-delà même des bornes de
la Médecine ; il faudroit étudier le
moral des malades, ſouvent plus encore que leur phyſique, les ſuivre
dans la marche de leurs idées & de
leurs raiſonnemens, diſtinguer les inſ-
tans & les occaſions où cette chaîne
intellectuelle ſe rompt, reconnoître
quel ſentiment trop vif vient y jetter

le défordre , favoir fe rapprocher de leurs opinions , de leurs goûts & de leurs fantaifies , en paroiffant toujours céder & fubjuguer leur volonté ; maîtrifer leurs fentimens , leurs idées & leurs réflexions , comme à-peu-près le fouple Courtifan infpire , dirige & gouverne le Maître , qui croit ne décider du fort des hommes que d'après lui. C'eft cet art inconnu qui rameneroit infenfiblement le Maniaque à entendre des idées & des raifonnemens qui le troubloient & l'égaroient, à voir & fe rappeller des objets qui l'irritoient & qui l'effrayoient ; tandis que , de fon côté , la Médecine feroit occupée à découvrir dans fon organifation phyfique , les parties léfées , & à les rétablir dans leur ordre & leur intégrité.

F I N.

www.ingramcontent.com/pod-product-compliance
Lightning Source LLC
Chambersburg PA
CBHW030931220326
41521CB00039B/2137